嶋河 薫風
Kunpu Shimakawa

テレビが
日本人（庶民）
をダメにした

文芸社

はじめに

自己紹介

1966（昭和41）年 4 月生まれ、大阪府出身、未婚。

父（1932〈昭和 7 〉年生まれ）、母（1938〈昭和13〉年生まれ、2007〈平成19〉年 9 月に69歳で死去）、兄（1964〈昭和39年〉年生まれ）の 4 人家族の次男。

わかりやすく言えば、元プロ野球巨人の投手、桑田真澄（以降、敬称略）の 1 学年上です。

世間では、桑田より後に生まれてきた人達は、「新人類（従来とは異なった感性や価値観、行動規範をもっている）」と呼ばれていました。

この本を読んでいただくにあたり、私の生い立ちを、大まかにでも知っておいていただくと、少しでも私の性格を理解するのに役に立つと思いますので、参考にしてください。

小学4年生から高校3年生まで野球をしていました。阪神タイガースファンです。

　中学2年生の時に友達から歌手の矢沢永吉を勧められ、ロックに目覚めました。順番は逆になりますが、ソロの矢沢永吉を知り、元キャロルのメンバーということを後で知りました。両方とも私の好きな音楽だったのでハマっていき、高校2年生からコンサートに毎年、記憶は定かではありませんが、22歳前後まで行っていたと思います。矢沢永吉が離婚をしてからはショックで、一時期、音楽を聴かなかったのですが、何年かして、また聴くようになりました。最近は、もっぱらＤＶＤで映像とともに聴いています。

　当然、彼の著書『成りあがり』の影響も受けています。

　高校卒業後、専門学校に進むが直ぐに辞め、製造会社に勤務しましたが、2001（平成13）年12月に倒産。

その後、派遣やパートで仕事をしながら現在に至ります。

　詳細は、この本の中で説明していきたいと思います。

この本を出すに至った経緯

　ここ数年、私がテレビを観ていて「これは、おかしいのでは？」と感じたり、「疑問」に思ったりしていることについて、どれくらいの人に賛同していただけるのかを知りたかったからです。

　流れとしては、テレビ番組の演出や放送内容について、私が「おかしい」と感じたり、疑問に思ったりしたことを抜粋して意見を述べていきます。主に、思春期であった中学2年生の時の気持ちに戻って、一言、言わせていただきます（中学2年生ではない年代の発言になっていたり、似たような発言があったりしますが、ご了承ください）。

5

なぜ中学2年生という設定を選んだかと言うと、私自身が、大人でもない、また、子供でもない、そして、一番の反抗期だったのが、中学2年生だったからです。

　ですから、生意気で汚い発言もありますが、ご年配、同年代の方々には、「ああ、俺も（私も）、こういう時期があったなあ……」と、共感してもらえたら、ありがたいです。

　また、子供達には、何か少しでも感じてもらって、良い意味でも、悪い意味でも、これからの人生の役に立てば嬉しいです。

　そして、後半は、「お願い＆質問コーナー」ではテレビで取り上げられている話題の中から「選挙」「高齢出産」について、「参考までに」ではテレビに限らず世間で話題になっていること、生活、学校関係、趣味など、私なりの意見を述べているので、少しでも参考にしてくれたら、ありがたいです。

目　次

▼
▼
▼

テレビが日本人（庶民）をダメにした

報道関係者の心構え

　私は、ニュースキャスターというのは、常に、自分の発言に責任を持ち、公平、公正、平等、中立の立場を守り、偏らない報道を心掛けねばならないと思います。

　それにはまず、己を律することで、発言の重み、信用性を得ることが大事です。

　自らを律しない人が、視聴者の心、信用を得ることはないと思います。ましてや、不倫問題、スポンサーとの癒着問題、タクシー運転手への暴行など以ての外です。

　私は、今の政治が悪いのは、99％報道関係、特に、NHKの「ニュースウオッチ9」とテレビ朝日の「報道ステーション」が原因だと言っても過言ではないと思います。

　私生活の乱れ、私的な発言、番組でヘラヘラ笑いながらの進行……まだまだありますが、そんなキャ

13

スターに批判をされたら、一生懸命に政治活動をコツコツとしてきた政治家はやってられないと思います。

政治家を批判するなら、まずは自分を律せよと……。

それと、そういう人達がテレビに出るのは、子供の教育にも良くありません。

解雇し、他のテレビ局にも、絶対出さないようにして下さい。そういう対応をすることで、不祥事をなくし、ニュースを観る人も増えていき、政治に関心を持つ人も現れるでしょう。

そして政治も日本も良くなっていくでしょう。

私語を慎むことができない、真剣な顔で報道ができないのなら、その人はキャスターには向いていないと思います。

中学2年生の時の
気持ちに戻って一言

今のニュース番組は、ヘラヘラ笑いながらやってるから井戸端会議みたいで真剣味がない。まずは私語を慎み、私生活に問題のない人を起用し政治批判しろ‼

報道関係者の気遣いと配慮について

　あるテレビ番組で、東京ドーム内の新しい観客席にテレビカメラが初めて入ったと自慢していましたが、そんなのは当たり前。それが、君達の仕事なのだから。

　そして、そのドームを本拠地とするプロ野球球団社長が案内していたのだが、社長より背の高い女性アナウンサーがリポートをしていた。

　テレビ局の配慮が感じられないのが残念だ。

中学2年生の時の
気持ちに戻って一言

テレビを観ていると、社
長が女子アナに見下され
てるような画面で可哀想
だった

報道関連

　アナウンサーが結婚するとか、離婚するとか、異動とか、公共の電波を使って報告しています。

　視聴者には関係ないし、そういう報告はいらないので、そんな時間があるなら、セクハラ、パワハラ、学校でのいじめ、下請けいじめ、政治資金の不正問題など、1つでも2つでも多くのニュースを伝えて欲しい。

　あとグラビア雑誌に出ている気象予報士などもいますが、タレントのような活動はやめて欲しいです。

中学2年生の時の
気持ちに戻って一言

最近のアナウンサーは、
自分がアイドルかスター
になったと勘違いしてる
んとちゃうか⁉
まぁ、一番悪いのは、そ
れを許しているテレビ局
やけどな‼

19

フリーのアナウンサーについて

　私は、フリーのアナウンサーについては賛成でも
あり反対でもあり、五分五分と言ったところでしょ
うか……。

　賛成の理由は、フリーと言うだけあって、好きな
ことを発言できるからです。中には助けられた人も
いるでしょう。しかし、私語は慎んでもらいたいと
思います。

　反対の理由は、お金目当てでフリーになることで
す。その気配が見えたら、いくら綺麗事を言っても
信用してもらえなくなります。「俺は凄いんだ」「私
はアイドルなんだ」と勘違いし、偉そうにしたり、
玉の輿を狙ったりしているように感じてしまうので
す。

　そういう部分を見て、学生達がアナウンサーを目
指そうとしているのには、なんだか腹が立ちます。
アナウンサーの本分を忘れないで欲しい。

生え抜きのアナウンサーが、やる気をなくしてしまいます。

中学2年生の時の
気持ちに戻って一言

フリーは短時間で何千万円、何億円の収入を得られるとか。生え抜きのアナウンサーのやる気を失わせないで下さい‼

女性アナウンサーについて

1

　男性アナウンサーはちゃんとスーツを着ているのに、女性アナウンサーでスーツを着ている人はほとんどいません。普段着に見えるような服装が多いし、肩や胸の谷間を見せているように感じられる服や、赤色もそうですが、ピンク色の服など以ての外。女性らしさを強調しなければならない職業ではないのだから……。私が子供の頃は、ピンクは子供が着る服の色というイメージでした。

　ピアスもしているし、ロングヘアだし、ニュースには全く関係のない身なりをしています。子供達も観ているのだから、もう少しアナウンサーとしての自覚を持って欲しい。

　しかし、そういう身なりをする女性アナウンサーだけが悪いのではなく、それを許しているテレビ局やテレビ番組責任者が良くないのです。

「そういう格好はダメ！」と、一言言えば済むことです。先人からの言葉に「心の乱れは服装に現れる」とあります。そのことにも気付かないのです。そういう責任者は、テレビ番組を作るという仕事に向いていないのではないでしょうか。

人というのは、「やりたい仕事」「やれない仕事」「できる仕事」「できない仕事」と分かれます。その番組責任者にとっては「できない仕事」、わかりやすく言えば、その仕事に向いていないのです。

仕事ができなければ、会社ならクビです。周りからも「あいつは給料泥棒だ!」と言われかねません。

中学2年生の時の
気持ちに戻って一言

最近の女子アナはチャラチャラした格好してて、まるでガキや！
でも、それを許している番組責任者が一番悪い!!

2

　厳密に言うと身なりという括りではないかもしれ
ませんし、誠に言いにくいことなのですが、妊娠し
ている女性アナウンサーが出演するのには反対です。

　これを言うと「女性差別だ！」「マタニティハラ
スメントだ！」と言われるでしょう。
　でも、全然違う理由で、働く女性の立場を考えて
の意見なのです。

　妊娠している女性アナウンサーで内勤が可能な人
であれば、内勤でも良いのではないでしょうか。
　私が心配しているのは、妊娠している女性アナウ
ンサーがテレビに出ることによって、視聴者である
思春期の男の子達が刺激されて、嫌がる女の子に強
引にセックスを迫る可能性があるかもしれないから
です（私の友達にはＨな子が多かったせいもあるで
しょうが……）。

思春期の男の子を持つお母さんの中には、多少な
りとも心配している人がいると思います。

　成人男性でもいるはずです。それが思春期の男の
子だったらなおさらです。

　私には娘はいませんが、姪がいます。可愛くて仕
方ありません。自分の娘ならもっと可愛いと思いま
す。

　もしも可愛い自分の娘が、テレビを観ていて刺激
された男に無理やり暴行されたら……と思うと、我
慢できないのです。

　これは、女の子を守るために言っていることなの
です。

　女性への暴行事件を少しでも減らせる可能性があ
るのなら、それを実行するのが、私達大人、親の役
目ではないでしょうか？

それと仕事が限定されるので、周囲の女性からも
嫌味を言われるのでは……。

中学2年生の時の
気持ちに戻って一言

働くのは自由かもしらん
けど、思春期の子供達の
ことも考えてや！

女性アナウンサーの言葉遣い

最近、女性アナウンサーの言葉遣いが気になります。驚いた時に「おお〜！」と言っていますが、女性ならせめて「うわ〜！」「ええ〜！」「凄〜い！」と言ってもらいたいです。

中学2年生の時の
気持ちに戻って一言

「おお〜！」って、おっさんやん!?
女性やったら言葉遣い気い付けなあ……

27

アナウンサーが言ってはいけない言葉

1

　報道番組のアナウンサーというのは、常に公平な立場で進行するのが原則です。いや、必須です。

　テレビは高齢者から子供までいろいろな人達が観ています。

　そして、人というのは「十人十色」で、いろいろな性格、体型、体調があり「千差万別」です。

　だからこそ、最近よくアナウンサーが言っている言葉が気になるのです。

　スポーツコーナーの最後などに「期待しましょう」「応援しましょう」「注目しましょう」「楽しみですね」といったような、視聴者に対して強要するような発言があります。

　先ほど述べたように人というのは「十人十色」「千

差万別」です。野球が嫌いな人もいれば、スポーツが嫌いな人もいるのです。その言葉で傷つき、苦痛を味わっている人が、もしかしたらいるかもしれません。

公平な報道を心掛けて欲しいです。

中学2年生の時の
気持ちに戻って一言

なんでお前に「応援しましょう」って強要されなあかんねん！
誰を応援しようが、俺の勝手じゃ!!

2

　飲食に関する報道終了後に「食べたくなってきました」「食べに行きたいです」「美味しそうですね」「ビールが飲みたくなってきました」「私、○○が好きなんですよねぇ」と言うアナウンサーがいる。

　こういう発言は、公私混同でもあるし、スポンサーまたは、その業者への賄賂をもらうための発言だと捉えられかねないので、やめるべきである。

　ひいては、スポンサーになれない企業が不利になり、お金を持っていない会社が衰退していくので、日本のためにもならない。

　もし、賄賂などの不正な金銭や贈り物を受け取った上で私的に公共の電波を使っての発言なら、即刻クビにするべきである。

中学2年生の時の
気持ちに戻って一言

「私、○○が好きなんで
す」って言って、タダで
もらおうと思ってるのが
ミエミエなんじゃ‼

31

3

「東京ドーム〇個分」「甲子園〇個分」と言っているアナウンサーがいますが、いったい、日本国民の何人が東京ドームや甲子園に行ったことがあるのでしょうか？　行きたくても、何かの事情や金銭的な問題で行けない人に失礼です。

　私は、この「〇個分」という表現は、最低9割の人が現地に行っていないのであれば使うべきではないと思います。想像がつかないし、行けない人をバカにしたようにも思える発言です。

中学2年生の時の
気持ちに戻って一言

東京ドームや甲子園に行ってない人のほうが多いと思うねんけどなあ？

4

　有名人が亡くなった時にアナウンサーが「ご冥福をお祈りいたします」と言います。自分が良い人に見られたいからの発言なのでしょうか？　大麻や薬物使用などで罪に問われた人にも言っています。テレビのおかしいところです。

　私は、罪を犯した人はテレビ業界から追放しなければならないと思っています。例えば有名人が薬物に手を出す事件も、子供の教育には悪い影響を与えると思います。

中学2年生の時の
気持ちに戻って一言

「ご冥福をお祈りいたします」って、公共の電波使って言うこととちがうやろ！
直接家族に言えや‼

5

　ある芸術系の番組で「私達は、何故、こんなにも
フェルメールに惹かれるのでしょう？」とアナウン
サーが発言したり、なおかつ、女性アナウンサーが
フェルメールの描いた女性モデルと同じ格好のコス
プレをしたりしていました。

中学2年生の時の
気持ちに戻って一言

フェルメール好きな奴も
いれば嫌いな奴もいる。
庶民にマインドコントロ
ールを掛けないで下さ
い‼　ちなみに番組内で
のコスプレ代はあなたの
お金ですか？

6

　NBA日本開催のニュースで女性アナウンサーが
「見たい」と言っていました。特定のスポーツだけ
を贔屓してはいけないし、自分の願望を公共の放送
で言うべきではありません。

中学2年生の時の
気持ちに戻って一言

タダで観戦チケットもら
おうとしていると疑われ
かねない！　実際もらっ
ていたら大問題だが……

7

　テレビ番組で仕事を紹介するコーナーがあり、どういう段取りで行っているかの映像を流し終わった時に、語り手が「頑張って下さい」と言います。

　私が取材される側だったら「余計なお世話だ！」と思うし、偽善者ぶってるように感じると思います。

　そんなことを言うより、自腹で商品を買ってくれるほうがよっぽど嬉しいでしょう。

中学2年生の時の
気持ちに戻って一言

言葉でなく、態度で示して下さい。自腹で物を買ってあげましょう!!

8

　テレビ番組で日本における連休の話になると、「3連休の方もおられると思いますが」「10連休の方もおられると思いますが」と言いますが、休みのない人への配慮が全然ありません。

　以前、私は日曜日と祝日休みの会社に勤めていたことがありましたが、連休の報道を見聞きするたびに腹立たしく思っていました。

中学2年生の時の
気持ちに戻って一言

いったい日本人の何％が10連休なのでしょうか？休みたくても休めない人もいてるのだから配慮に欠けた報道はやめて下さい‼

9

　MLBマリナーズ対アスレチックスの試合後のヒーローインタビューでアナウンサーが、「○○選手は今日が誕生日ですね？」と言っていました。試合とはまったく関係のない質問です。アナウンサーのレベルが見えてしまいます。

中学2年生の時の
気持ちに戻って一言

公私混同しないで下さい！　技術の話のほうが野球少年達にはよっぽど勉強になります‼

まだ小学生なのに「○○さん」
と言っているアナウンサー？

　私は、学生のうちは男子の場合は名前に「君」付け、女子の場合は「ちゃん」付けでいいと思います。たとえそれが、どんな肩書きのプロであっても。

　子供達からすると、大人が学生の名前を「さん」付けで呼ぶのは、「『○○さん』て、目上の人に使う言葉だよね。相手は年下だよ、情けね?」とか「カッコ悪～」という感じだからです。

　それに、呼ばれた学生は「俺って（私って）、年上の人から『さん』付けしてもらってる。俺は（私は）偉いんだ、凄い人間なんだ！」と勘違いし、天狗になって、相手の気持ちを考えない自己中心的な人間になってしまう確率が高くなると思います。

　私は、この本の「はじめに」の自己紹介の所でも

述べたように、かつては野球をやっていました。実際、小学生の時は、「なんで、1つ上だからって『さん』付けしなくてはいけないんだ！ それも、俺より下手な奴もいるのに……」と思っていました。

　しかし、いざ自分に後輩ができて呼び捨てにされると、バカにされているように感じました。だから、「ああ、これはやっぱり、いくら先輩が自分より下手でも『さん』付けしなければいけないなあ」と思ったのです。

　私が通った高校の部活では、上級生を神格化する教育がありました。だから、年上のアナウンサーが年下の人の名前を「さん」付けしているのが信じられませんでした。

　多分、私と同年代で、同じような経験をしていれば、「もう少ししっかりして！ 年下に舐められるよ！」と言う人がいると思います。

以下は、私が考えた呼び方案です。参考にして下さい。

	学　生	学生でも23歳以上で働いたことがある人、短大・専門学校卒で就職した人	中学校卒で就職、高校卒で就職した人
男　子	君	さ　ん	さ　ん
女　子	ちゃん	さ　ん	さ　ん

中学2年生の時の
気持ちに戻って一言

ええ年した大人が年下に「さん」付けで話してたら媚売ってるようにも見えるから、「君」「ちゃん」でええやろ！

プロ囲碁棋士・仲邑菫、
プロ将棋棋士・藤井聡太

　今では2人とも有名で最年少記録を持っています
が、この2人を紹介する時に、たいていのテレビ番
組で「仲邑さん」「藤井さん」と言っています。仲
邑菫ちゃんは小学生、藤井聡太くんは高校生です。
　報道関係者には言葉遣いに十分気を付けてもらい
たいと思います。

中学2年生の時の
気持ちに戻って一言

年上の学生達もそうだ
が、2人の同級生や年下
が観てたら、「大人が"さ
ん"付けっておかしいや
ろ」と思うやろ

天気予報関連

　最近、何を勘違いしているのか、気象予報士がアイドルになったつもりでいるのか、自分の名前入りの天気予報コーナーをしています。しかも名字ではなく下の名前で。ふざけるにもほどがある。精神年齢が子供です。

中学2年生の時の
気持ちに戻って一言

子供達の見本になるような番組作りをして下さい‼

無駄だ（作業効率が悪い）と思うこと

　報道番組なのにクイズを出すのはどうなのでしょう。同じように、無駄だなぁと感じることを挙げてみます。

① 「ひょうとあられの違いは？」といきなりクイズ形式になる。

　報道番組はクイズ番組ではありません。

② ゲストにインタビューする時に、入室前からしゃべりだし、部屋に入って挨拶をし、ちょっと雑談しながらインタビューを始める。

　前置きはいらないし、挨拶もなくていいので、インタビューをすぐに始めて1つでも2つでも多く質問をして欲しい。

③街頭インタビューをする前に「消費税10%について街の人はどう思っているのでしょうか？」と歩きながらしゃべる。

　歩きながらカメラを見てしゃべるのは危ないし、当たり前の答えしか返ってこないのがわかっていてわざわざ時間をかけて外に出て、無駄なことをしているようにしか映りません。街頭インタビューは不要です。

④NHKの天気予報のコーナーで、フリップを出して説明したり、コスプレをしたりしている。

　大型モニターで説明している内容と同じようなことを言っています。フリップなどの小道具にも受信料が使われているのなら返金して欲しい。コスプレ

衣装も同様です。

⑤天気予報のコーナーを２人で担当している。

　人件費が掛かるので１人でして欲しい。

⑥東京のテレビ局のアナウンサーが地方に行ってニュースを伝える。

　何故、地元のアナウンサーを使わないのでしょうか？　時間も掛かるし、出張費も掛かります。経費でお土産とか買ったりしていないか疑ってしまいます。

⑦積雪時のカー用品店でのインタビュー。

　いちいちカー用品店に行かなくても、誰に聞いても答えはほとんど同じなのだから行かなくてもいい

のでは？　無駄に外に出かけて、さぼっているように見えます。人件費がもったいない。

　以上、7つの例からの結論です。
　街中でのインタビューや店でのインタビューは無駄なので、やめて欲しい！

中学2年生の時の
気持ちに戻って一言

ホテル代、移動時間代、交通費、材料費、コスプレ代、人件費……受信料から使っているなら返金して下さい？

飲食物のリポートについて

　基本的にテレビ番組での飲食リポートは、アナウンサーがするのではなく、一般人がするのが良いと思います。

　NHKは受信料を徴収しているのに、リポートに関わる食費代を浮かすなんて信じられない行為です。

　また、改良前と改良後の製品の比較をする場合、どちらが改良前か、どちらが改良後かを言ってはいけないし、製品を見ながらのリポートは主観が入るから見てはいけないでしょう。

中学2年生の時の
気持ちに戻って一言

アナウンサーがリポート
するより一般人のほうが
公平性が出る。悪いこと
もできるだけ発言して欲
しい。その時は、プライ
バシーに配慮してモザイ
ク処理にするなど対応す
ることだ‼

前天皇陛下（現上皇）生前退位の理由

「高齢ということで負担軽減のため公務を減らしたり、摂政を立てたりしてまで天皇の位に留まることを望まない」「全身全霊をもって象徴の務めを果たしていくことが難しくなるのではないかと案じています」

　このような前天皇陛下のお言葉を聞いた私は、「日本の国のお偉いさん方、日本の象徴である私は自ら身を引くので、全身全霊で働けないのに給料をもらっている人は辞めましょうね」と言っているように思えました。

　しかし、私が残念に思えてならないのが、私の観ている範囲ですが、テレビ番組で私と同じ意見を言う人が誰もいなかったことです。

中学2年生の時の
気持ちに戻って一言

俺と同じ意見の人がいな
い⁉　ショックや‼

政治を語るお笑い芸人やタレント

　私は、今の政治が悪いのは、99％テレビが悪いと思っています。政治の話に笑いはいりません。笑いを入れるから、国会でも真剣な場面が少なくなり、笑いの場面が増えているのです。

　テレビ番組で政治家が真剣な話をしていても、空気を読めず、途中で笑いを挟むお笑い芸人やタレントが多くいます。政治家がやる気をなくします。

　おまけに、良い政治活動は放送されなくて、悪いことをしている政治家が放送されて、のちにチヤホヤされているのですから、やってられないでしょう。

　政治の話をするのにお笑い芸人やタレントはいりません。

　専門家や評論家だけで番組を作るべきです。

中学2年生の時の
気持ちに戻って一言

政治に笑いはいらん！
真剣味がなくなる。キャ
スティングするテレビ側
が99％悪いんやけどな!!

ニュース関連

1

　バレンタインデー、ホワイトデー、結婚式、クリスマス……愛や恋に関するあらゆる記念日のニュースは不要です。

　恋人がいない人、離婚した人、DVを受けた人、虐待を受けた人、親がいない人、子供がいない人などにとっては腹立たしいと思います。

　また、テレビ番組内でプレゼントを手渡したりすることもありますが、テレビに映らない所でお願いしたいです。

　公共の電波を使って、しかもニュース番組中にすることではありません。

　公私混同も甚だしいと思います。

中学2年生の時の
気持ちに戻って一言

学生時代にバレンタインチョコをもらえない男子の気持ちがわかっていれば、こんな報道はできないはず。わかってないんやなあ……
これがイジメの原因にもなるのに

2

　政治家の不誠実な発言や政治資金の不正問題を取り上げて、アナウンサーが「我々が選んだ議員ですから」と言うことがあります。この発言は間違いです。選んだのは、投票した人。そして、その悪い議員を当選させた責任は、投票した人と投票に行かなかった人です。他の議員を選んだ人に責任はありません。間違った報道はしないで欲しい。子供達が聞いたら、「大人達が選んだ議員なんだ。なんで、あんな議員を選ぶんだろう？」と思います。100％近い投票率があるならわかりますが……。

　今後、不祥事を起こした議員をテレビで取り上げる時には、起こした内容の最後に、「○○出身の○区選出です。次回の選挙で投票する時は、よく考えて下さい。投票した人も投票に行かなかった人にも責任はありますから」と放送したほうがいいと思います。

中学2年生の時の
気持ちに戻って一言

大人がしっかり選んでく
れんと俺らの将来、お先
真っ暗やでぇ!!

3

　フィギュアスケートのザギトワ選手に関するニュースで、秋田犬を秋田犬保存会からプレゼントされたと言っていた。

「秋田犬保存会」は公益社団法人なので、個人や法人からの寄付金で成り立っているとのこと。個人だけなら良いのだが、会社が寄付するのなら、その寄付するお金を従業員の給料にしていただきたい。そのほうが従業員も喜ぶと思います。

　それと、異常なまでの報道である。私も犬は好きだが、犬をあげるぐらいで大袈裟な報道。信じられません。そんな時間があるのなら、会社、子供のいじめ対策を報道してほしい。

中学2年生の時の
気持ちに戻って一言

子供達が観たら「情けな
い大人達やでぇ」と思う
で‼

4

　水泳の池江璃花子選手に対する異常と言っていいほどの報道がありました。白血病は大変な病気だとは思いますが、世の中には同じように病と闘っている人はたくさんいます。池江選手だけに時間を掛けて報道するのは良くないと思います。こういう話題はニュース番組ではなくワイドショーで良いと思います。

中学2年生の時の
気持ちに戻って一言

水泳を嫌いな人もいれば、スポーツを嫌いな人もいてるんやから、取り上げる時間が長すぎる！ニュースは政治中心で良い‼

5

前天皇陛下（現上皇）への行き過ぎるほどのヨイショ報道を感じます。天皇制に反対している人もいるので公平に報道するべきです。スポーツも政治も公平に報道して下さい。

中学2年生の時の
気持ちに戻って一言

天皇制の廃止を望んでる
人もいるのだから報道は
公平に扱うべきである！
これこそが表現の自由を
束縛することになりかね
ない!!

6

　サッカーW杯やオリンピック関連番組でのアナウンサーやタレントの異常なまでの高いテンションはいかがなものでしょう。私も、スポーツは好きなのですが、ふざけすぎているようにしか見えません。時には選手をおちょくっているようにも見えるので、テレビを観たくても気分が悪くなるので観られません。

　昨今、目につくのは元スポーツ選手です。公平に冷静に放送できない人は、画面に映らない内勤にして欲しい。対戦相手にも家族や親戚がいてる人もいるのですから。

中学2年生の時の
気持ちに戻って一言

俺ら真剣にスポーツやっ
てた人間からすると、お
ちょくってんのかと思
う。アスリートにはもっ
と敬意を払え!!

63

元スポーツ選手のリポーター

　いろいろな元スポーツ選手がスポーツ番組で活躍していますが、大きすぎる声、リポートはグダグダ、競技と関係のない話や選手の苦労話を披露するなど、全然面白くありません。どの選手も苦労しているのはわかっているのです。

　私はスポーツ全般が好きなのに、そんなリポーターの存在のせいで、観る気をなくしてしまうのです。

　アスリートを目指す子供達の参考になるようなリポートをして下さい。

　どうすればプロになれるのか？　どんな練習をすればプロになれるのか？　どういう食事をすれば体力がつくのか？　など具体的な質問をして欲しいのです。

　大きすぎる声、グダグダのリポート、競技と関係のない話や選手の苦労話を披露するのはやめて下さい。

中学2年生の時の
気持ちに戻って一言

子供みたいにはしゃいで
リポートしないで下さ
い！
真剣にアナウンサーを目
指してる人に対して失礼
です‼

番組終了時

　ニュース番組やいろいろなテレビ番組のエンディングに、お辞儀だけをすればいいのに手を振る人が多いです。私が思うに、精神年齢が子供で、それが態度に出るのでしょう。それを番組プロデューサー（責任者）が注意しないという点も、モラルがなくなってきた証拠ではないでしょうか。

　大人は子供の見本にならなければいけません。ましてやテレビに出ている人達は、一般人の何百倍、何千倍と注意しなければならないのです。子供に与える影響は大きいのですから。

中学2年生の時の
気持ちに戻って一言

ええ年した大人が手ぇ振るって⁉　子供やないんやからしっかりしてもらわんと‼

NHK「NHKニュースおはよう日本」について

1

番組内で登場するたびに出演者は「おはようございます」と言う。

1回の放送で何度も出る時は、挨拶ははじめだけで良いと思います。

また、天気予報で「1分天気」というのがあるが要らないと思う。気象予報士は1人でいい。人件費の無駄です。

それと手書きフリップや小物を出す時があるのだが、経費ではなく、自分の給料から出しているのでしょうね？　経費だとお金の無駄使いなので説明は口だけでいい。

「寒くなるので、羽織る物を持って行ったほうがいいでしょう」と言うが、人それぞれである。

「桜が咲くのが楽しみです」とか「きれいですね」と言うアナウンサーがいますが、目が悪い人、目が見えない人に対して失礼すぎる。桜が嫌いな人もいますし、花が嫌いな人もいます。

　もっと、国民に対して気を遣わないとダメ。

「まちかど情報室」のコーナーで担当者が出てきてお題を言うと、別のアナウンサーがしゃべりだします。これは時間の無駄。

　ニュース以外のそれぞれのコーナー（天気・まちかど情報室・スポーツなど）は、1人でやらせたほうがいいと思います。

　その間、別のアナウンサーは次の原稿の準備、または休憩していればいいのです。

　相槌を打ったり、コーナーに加わって話をしたりするのは時間の無駄です。

１つでも２つでも、世界情勢を放送して下さい。

中学2年生の時の
気持ちに戻って一言

全国民に納得させるニュースは難しいが、近づけることはできる。視聴者が全員健常者ではないことを常に念頭に置いとくこと!!

2

　屋外の気象予報士がユニフォームのコスプレでボールを投げ、室内の気象予報士が受け取るというパフォーマンスをしていました。どこまでふざけているのでしょうか？　キャッチボールをしたかったら仕事が終わってからにして下さい！

中学2年生の時の
気持ちに戻って一言

当然ユニフォーム代もボール代も気象予報士が出してるんやろうなぁ!?
出してなかったら、そのお金を受信料に返しとけ!!

NHK「ニュースウオッチ9」について

1

トップニュースの取り上げ方についてです。

元プロレスラーのザ・デストロイヤーや有名人の逝去、元メジャーリーガーのイチロー選手の引退などいろいろありますが、プロレスを嫌いな人もいれば、野球が嫌いな人もいます。

有名人が嫌いな人もいるでしょう。

それなのに、その関連の話題をトップニュースにすること自体がおかしいと思います。

トップニュースというのは、直接、または間接的に国民に関係することであるべきではないでしょうか？　わかりやすく言えば、税金に関係することです。

最初に取り上げなければいけないのが政治です。

そして、例外として災害関連や事故・事件関連、皇室関連です。

中学2年生の時の
気持ちに戻って一言

トップニュースの取り上げ方には細心の注意を払っていただきたい‼

2

　故尾崎豊のピアノを取り上げて、うろ覚えですが
５分以上の時間をかけて特集のように放送していた
と思います。

　ニュース番組がするようなことではないでしょ
う。ニュース番組が特定の歌手について特に取り上
げるのはおかしいと感じます。

　前にも述べたように、尾崎豊を嫌いな人もいます。
音楽が嫌いな人もいます。人それぞれなのです。

　公平に放送するようにして下さい。

中学2年生の時の
気持ちに戻って一言

ニュース番組ですること
と、ワイドショーでする
ことを、今の報道番組は
わかっていないんとちゃ
うかあ……??

3

　スポーツコーナーが始まる時、担当アナウンサーがスタジオに走って入ってきます。忙しないのでやめて欲しい。以前は時々、天気予報コーナーの気象予報士とハイタッチをしていました。ふざけるにもほどがあります。

「俺は天下のNHKの職員だ!!」というおごりでもあるのでしょうか。

　また、3人で進行するのは人件費と時間の無駄です。1人で進行していただきたい。

中学2年生の時の
気持ちに戻って一言

3人でいらんことをへら
へら笑いながら長いこと
しゃべるのは、遊んでい
るようにしか見えない。
1人でせえ‼ 今の
NHKがあるのは、先輩
らのお陰ということを忘
れてはならない‼

77

ＮＨＫ「サタデースポーツ」について

　男子バドミントンの桃田選手の特集のようなもの
をやっていました。桃田選手が試練を乗り越えて、
団体戦を引っ張っているというヒーロー扱いでした。

中学2年生の時の
気持ちに戻って一言

不祥事を起こしたのにヒ
ーロー扱いはおかしいや
ろ⁉　テレビは何を考え
てるんや‼

NHK「サンデースポーツ」について

　元横綱の朝青龍が出演していて出演者達全員が喜んでいました。

　NHKは何を考えているのでしょうか？　不祥事を起こした人間を出演させるなんて常識の範囲を超えています。他局の見本にならなければいけない立場なのに。

中学2年生の時の
気持ちに戻って一言

出演者達が全員喜んでいたのが神経を疑う⁉
不祥事を起こした人間はテレビ業界から永久追放するべきである‼

NHKのスポーツキャスター

1

　東大野球部出身者として、野球関係の話になると偉そうにしているキャスターがいますが、大阪の高校と試合をすれば、東大はほとんど勝てないと私は思っていますし、無論、私が高校生の頃だったら絶対勝てると自負しています。

　だから、偉そうに東大野球部出身と言わないほうがいいと思います。

中学2年生の時の
気持ちに戻って一言

慶応とか早稲田やったら
わかるけど東大ではなぁ⁉　偉そうに野球は
語らんほうがええと思う
けどなぁ……
説得力に欠けるわなぁ
……

2

沖縄にプロ野球球団を作ろうとしている元プロ野球選手の取材をしていました。その時、沖縄の小学生に野球を教えていたのですが、やりたいという子供だけを対象に教えていたのか疑問です。やりたくない子供に強要したとしたら、野球嫌いになりかねません。

さらに驚いたのは、キャスターとその元プロ野球選手がキャッチボールをしている様子が堂々とテレビ画面に映し出されていたことです。これは、取材ではなく完全な遊びです。

中学2年生の時の
気持ちに戻って一言

取材にかこつけた遊びはやめて下さい。出張費、給料のもとになっている受信料を返金して下さい‼

3

「サンデースポーツ」で、元阪神タイガースの金本監督がゲストに来ていました。スターの条件を尋ねるやりとりの最後にキャスターが、「金本もスターだ」と言ったのですが、金本は苦笑いしながら「そんなことない」と返していました。

キャスターは番組に来たゲストによくお世辞を使いますが、観ていて不快です。

中学2年生の時の
気持ちに戻って一言

おべんちゃらを言う時間
があるなら子供達の為に
なる質問をしろ‼

ＮＨＫ「歴史秘話ヒストリア」について

　この番組のアナウンサーは何故、着物を着て髪飾りを付けているのでしょうか？　取り上げる物語に関係があるのでしょうか？

　もし関係がないのなら、着物代や髪飾り代のもとになっている受信料を返金して下さい。

　また、男性にインタビューしていた女子アナウンサーのほうが身長が高かったのも、配慮が欠けているように思いました。

中学2年生の時の
気持ちに戻って一言

ここ数年のNHKは、取材相手の気持ちに立って物事を考えてないんとちゃうか!?

ＮＨＫ「あさイチ」について

1

　アナウンサーが自分のダウンコートを売ろうとしたり、リサイクルするコーナーがありました。

中学2年生の時の
気持ちに戻って一言

公私混同もはなはだしい！
仕事とプライベートは分けて下さい‼

2

アナウンサーが女優の安藤サクラに向かって、「（娘さんは）スタッフのみんなから愛されています」と言っていました。

そんなはずはない。仕事だからイヤイヤ世話をしている人もいるでしょう。長嶋茂雄を嫌いな人もいれば王貞治を嫌いな人もいます。スタッフ達はテレビに出るから言えないだけです。

中学2年生の時の
気持ちに戻って一言

無記名でアンケートを取りましたか？　強要するような発言はやめて下さい‼

ＮＨＫのドラマについて

　いくらフィクションだとはいえ、朝の連続テレビ小説「まんぷく」や大河ドラマでの主人公の馴れ初めは時間の無駄だと思っているのに、主人公以外の人の馴れ初めは以ての外である。

　周りの人達ですら、主人公の馴れ初めをずっと見てたということはないでしょう。

　そんなのに時間をかけるなら、どうやってラーメンが完成したか？　どんな流れでそういう経緯に至ったか？　真実をもっと深く掘り下げたドラマにして欲しい。

中学2年生の時の
気持ちに戻って一言

馴れ初めは時間の無駄で
勉強にならないし、男、
旦那をバカにするような
内容が多い。実験場面を
増やし、子供達の見本、
手本になるようなドラマ
を!!

ＮＨＫ「鶴瓶の家族に乾杯」について

1

　旅先の地元の人から物をもらったり、ごちそうしてもらったりしているけれど、代金は払っているのでしょうか？

　落語家の鶴瓶や、その日のゲストが行きたい場所に、地元の人に連れて行ってもらうことがあります。そして、必ずと言っていいほどアナウンサーを筆頭に、みんなで「○○さんはいい人ですね?」と言います。車で送ってもらう時はガソリン代を出しているのでしょうか？

中学2年生の時の
気持ちに戻って一言

テレビに映ってるんやから、嫌でもあげなしゃあないし、送っていかなしゃあないよなあ!!
可哀想に……

2

　旅先で出演者が、テニスサークルの学生数人と話をするために、近くにあったコインランドリーに入っていく場面がありました。

　司会者が「許可を取った」と言っていましたが、洗濯もしないのに利用するのは一般人ならダメなはずなのに、テレビ番組のためなら良いのでしょうか？　テレビだったら何でも許されると思っているのでしょうか？

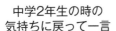

中学2年生の時の
気持ちに戻って一言

テレビを利用しての場所
取りはやめろ！
どれだけの人が迷惑して
いるか……
テレビに映ってたらイヤ
でも断られへんやろ‼

3

　ある日の放送で、ゲストと旅先の女子高生らしき子との会話で、女の子が「アナウンサー志望」と言っていた。

　こういうのは、他の一生懸命アナウンサーを目指して勉強している子に不公平になるので放送してはいけない。

　それはどういうことかと言うと、たまたま、その放送をテレビ業界の人が観ていて、その子を気に入ってしまって優先的に入社させてしまうことがあるかもしれないからである。

　以前のNHKなら、放送していないと思う。

　現在のNHKは、こういうことまで考えられなくなってしまったのか？　ここまで落ちてしまったのか？　私は残念でならない。

中学2年生の時の
気持ちに戻って一言

もっと気を付けて放送し
てもらいたい。他の一生
懸命アナウンサーを目指
して勉強している子が可
哀想や‼

NHK関連

1

　NHKというのは他の放送局とは違い、受信料を強制的に国民から徴収しているので、凄く責任は重大だと思います。ですからNHKは他の放送局の手本、見本にならなければいけません。

　しかし、ここ数年の放送を観ていると、スーツを着ない人がいたり、髪の毛を染めたり（地毛なら仕方ありません）伸ばしたり、ピアスをしたり、ネックレスをしたり、指輪をしたり、ヘラヘラ笑っていたり、原稿を読み間違えたり、漢字を読み間違えたり、挙句の果てに、自分のことや家族のことや友達のこととか、仕事に関係のないことまでベラベラしゃべったりしています。公私混同もはなはだしい。今のアナウンサーは公私混同の意味が理解できていないようです。

　ニュースに関係ないことをしゃべる時間があるな

ら、1つでも2つでも、ニュース（特に世界情勢）を放送するべきです。子供達も観ているのです。チコちゃんのような言葉遣いの悪いキャラクターを前面に出したり、離婚したアナウンサーを出したり、フリーのアナウンサーを使ったり、報道に関してド素人の元スポーツ選手を使ったりしたら、アナウンサー学校を卒業している人が可哀想です。

「歴史秘話ヒストリア」では高価そうな着物を着て番組を進行していました。恋愛ものや特撮ヒーローのドラマを放送したり、報道番組でクイズを出したり、天気予報のコーナーに気象予報士が2人もいたり……遊んでいるとしか言いようがありません。

　私をはじめ視聴者は、アナウンサーや出演者の楽しんでいる姿を観たいのではなく、真剣に仕事をしているところが観たいのです。受信料を国民に返して欲しいです。

　インターネットで調べたら、NHK職員の平均年

収は1780万円とありました。今のNHK職員にそれだけの給料を出していいのでしょうか？　今や有料放送の時代です。有料のCS放送が成り立っているように、本当にNHKが必要であれば、受信料を払いたい人はいると思います。それだけの価値があるのか視聴者に判断してもらったほうがいいと思います。「有田P おもてなす」にしろ、凄く無駄なお金をかけています。他の番組もそう。それはNHKが凄いのではなくて、受信料を払っている視聴者が凄いのです。その点を勘違いしているNHKと国民が多いと思います。

中学2年生の時の
気持ちに戻って一言

NHKが必要枠かどうか、まず無料にして国民に判断してもらおう

2

　転勤問題について取り上げた番組で、NHK職員の奥さんが紹介されていましたが、公私混同になる上、NHK職員の例を挙げられても参考になりません。例を挙げるなら一般人を対象にして下さい。

中学2年生の時の
気持ちに戻って一言

最近は公私混同している番組が多い。テレビで放送する前に、公私混同がないか番組責任者には充分注意してもらいたい‼

テレビ朝日「報道ステーション」

1

　コカインを使用して逮捕された歌手のピエール瀧のことをアナウンサーが「好きだ」と言っていた。

　信じられない発言である。犯罪者を庇う発言にもとれるし、犯罪者に同調する発言に捉えられてもおかしくない。
　だったら、アナウンサーを辞めてテレビ業界から姿を消して一般人としてピエール瀧を薬物中毒から助けてあげて、一緒に仕事をすればいい。

　犯罪者はテレビ業界に復帰させてはいけないし、庇ってはいけない。
　真面目に我慢してコツコツと下積みを何年もしている他のタレント達が可哀想です。

　そういう人達にこそチャンスを与えるのがテレビ

業界の１つの役割なのではないでしょうか？

　庇いたければ、テレビの映らない、子供達の目の届かない陰でして下さい。

中学2年生の時の
気持ちに戻って一言

犯罪者が好きならあなたも一味やと思われますよ。子供達に悪影響を及ぼすから辞めて下さい‼

2

　番組内で「バイトテロ」という言葉を頻繁に使っていますが、言葉が軽すぎると思います。

　何でも省略すればいいということではありません。「婚活」「就活」も同様です。人生の岐路なのに軽すぎます。ふざけているように捉えられます。

「バイトテロ」という行為をなくすことはできないかもしれませんが、減らすことはできると思います。
　それは、賠償金を払わせることです。人にとって、お金を支払うことほど辛いものはありません。全財産を没収すればいいのです。

中学2年生の時の
気持ちに戻って一言

全財産を没収されることで自分の罪の重さがわかってくるだろう?

3

　スポーツコーナーを担当している元競泳選手が特定のアスリートの名前を挙げて、「どうしても会いたい選手です」と言っていました。それは個人的なことなので、テレビではなくプライベートで会えばいいのです。報酬をもらって取材という仕事としてやるべきことではないでしょう。公私混同しないで下さい。

中学2年生の時の
気持ちに戻って一言

仕事とプライベートは、ちゃんと切り離して下さい！　給料泥棒と言われますよ‼

4

　歌手の内田裕也が亡くなり、娘がお別れの挨拶を
する様子を始めから最後まで放送していましたが、
これは放送してはいけません。1人のタレントを特
別扱いしています。ニュース番組ではなく、ワイド
ショーで放送するべきです。しかもその映像のあ
と、感想を徳永アナウンサーに尋ねていました。

　また同じ日の放送で、スポーツコーナー担当のア
ナウンサーがプロ野球のロッテのレアード選手のモ
ノマネをしていました。ふざけすぎです。出演者達
も笑っていました。

中学2年生の時の
気持ちに戻って一言

徳永アナに感想を聞くの
は時間の無駄！
スポーツ担当アナも自分
がアイドルと思って勘違
いしてるんとちゃう!?

テレビ東京
「News モーニングサテライト」

　地位の高いアナウンサーなのか知りませんが番組
中に笑いすぎで、ふざけているように見えます。他
のアナウンサーも合わせるようにニタニタ笑ってい
ます。まるで学生気分が抜けていない子供のようで
す。

中学2年生の時の
気持ちに戻って一言

経済中心の番組なのだから気を引き締めてやって下さい。これからの景気はあなた達の言葉1つに左右されると言っても過言ではないのですから‼

テレビ大阪

　元巨人の桑田真澄投手の弟の人生を取り上げた番組がありましたが、お笑い芸人をゲストに呼ぶのはやめて欲しい。真剣に、真面目に野球をしてきた人に対して失礼です。途中から観たのですが、千原兄弟が進行していたのでしょうか？

　あと、元モーニング娘の矢口真里の不倫問題を取り上げた番組がありましたが、さもマスコミやテレビが悪いような内容で、矢口真理が被害者のような作り方でした。番組を観た人が勘違いします。それよりも一番可哀想なのは元の旦那さんでしょう。
　私個人の見解ですが、不倫の報道が増え、それに感化されて妻の不倫が増えているような気がします。
　もしも不倫をしている人がいるならやめて下さい。旦那さんや子供を裏切るだけでなく、お父さん、お母さん、お義父さん、お義母さんなど、自分が思っ

104

ている以上に周りの人達を裏切り迷惑をかけます。

　慰謝料は女性側がもらうものと勘違いしている女性がいると聞きますが、女性側が慰謝料を払わなくてはいけないこともあります。そのことも考えて下さい。もちろんこれは、逆の場合、旦那にも言えますので。

中学2年生の時の
気持ちに戻って一言

不倫は絶対に許されることじゃありませんよ！
子供達にも悪影響を及ぼしますから、不倫した人をテレビに出さないで下さい!!

サンテレビ関連

「熱血！　タイガース党」という番組で、アナウンサー達が阪神の選手を誉めまくっています。

解説者として出演している人は、昔は辛口コメントでしたが、テレビの圧力に負けたのか、ここ数年は阪神タイガースを誉めまくっています。誉めすぎると選手は図に乗って努力を怠ります。試合にも勝てません。阪神の選手は褒めてはダメです。星野監督みたいな怖い人が良いのです。

イチローが良いことを言っていました。

「１年成績残してもダメ！　３年残して１人前」

また、スポーツアナウンサーの人達は高校で野球をしていたのでしょうか？　テレビの野球番組では、最低でも高校で野球を経験している人が、進行をしたり、実況したりするべきだと思うのです。

これからの時代は、そういう資格を作ったほうが

書　名							
お買上 書店	都道 府県		市区 郡	書店名			書店
				ご購入日	年	月	日

本書をどこでお知りになりましたか?
　1.書店店頭　2.知人にすすめられて　3.インターネット(サイト名　　　　　　　)
　4.DMハガキ　5.広告、記事を見て(新聞、雑誌名　　　　　　　　　　　　　)

上の質問に関連して、ご購入の決め手となったのは?
　1.タイトル　2.著者　3.内容　4.カバーデザイン　5.帯
　その他ご自由にお書きください。

本書についてのご意見、ご感想をお聞かせください。
①内容について

②カバー、タイトル、帯について

弊社Webサイトからもご意見、ご感想をお寄せいただけます。

郵 便 は が き

料金受取人払郵便

新宿局承認

1409

差出有効期間
2021年6月
30日まで
（切手不要）

１６０-８７９１

１４１

東京都新宿区新宿1－10－1

（株）文芸社

愛読者カード係 行

‖‖‖‖‖‖‖‖‖‖‖‖‖‖‖‖‖‖‖‖‖‖‖‖‖‖‖‖‖‖‖‖‖

ふりがな お名前		明治 大正 昭和 平成	年生 歳
ふりがな ご住所	□□□-□□□□	性別	男・女
お電話 番 号	（書籍ご注文の際に必要です）	ご職業	
E-mail			
ご購読雑誌（複数可）		ご購読新聞	新聞

最近読んでおもしろかった本や今後、とりあげてほしいテーマをお教えください。

ご自分の研究成果や経験、お考え等を出版してみたいというお気持ちはありますか。

ある　　　　ない　　　　内容・テーマ（　　　　　　　　　　　　　　　　　　）

現在完成した作品をお持ちですか。

ある　　　　ない　　　　ジャンル・原稿量（　　　　　　　　　　　　　　　）

良いと思います。

　プロ野球を実況中継できる人は高校野球経験者、できれば、甲子園出場したことがある高校という条件で。

中学2年生の時の
気持ちに戻って一言

もし高校で野球をしてなかったら実況はやめろ！経験もないのに、ええことばっかりベラベラしゃべるな！
ムカついてしゃあない‼

ＴＢＳ「がっちりマンデー」

　ある日の放送で凄い社長を取り上げていて、従業員に「社長はどんな人ですか？」と尋ねていましたが、テレビに映し出されるのだから良いことしか言えないでしょう。悪いことを言ったら解雇されるか、干されてしまうかもしれません。そんなこともテレビ局はわかっていない。そういう時は、こっそりアンケートを取るのです。

　また、凄い社長と言われていますが、その会社にはパートや派遣社員が１人もいなくて全員が正社員なのでしょうか？
　そして給料は最低30万円あるのでしょうか？
　有給休暇は取れるのでしょうか？
　残業はないのでしょうか？

　そこまでの好条件がそろっているのなら私も凄い

社長と認めます。テレビ局はそこまで調べているのでしょうか？　凄い社長の定義を、はき違えているように思います。

中学2年生の時の
気持ちに戻って一言

最低でも全員正社員やろう⁉　パートや派遣を雇って、安い給料で働かしてるんやったら、凄ないで‼

良い会社の条件

　儲かっている会社の凄い社長という扱いで、テレビ番組に取り上げられている人がいますが、果たして本当にそうなのでしょうか？　テレビ業界と私達一般庶民の考えにはズレがあると思うので、私なりの条件を挙げてみます。

①全員が正社員
　正社員以外（パート・派遣社員・契約社員）を雇っていると、必ずと言っていいほど、正社員以外より仕事のできない正社員がいます。これでは、不平不満を漏らす人がいるのは当然です。

②有給・半日有給・遅刻・早退などの休日、時間の融通が利く
　人によって生活状況が違います。親を看なければいけない、子供の面倒をみなければいけない、配

偶者を看なければいけない、町内会に出なければいけない、役所に行かなければいけないなど、いろいろ事情があります。それに対応しているでしょうか？

主に、この２つだと思うのです。

売上げがいくらあるから凄いと言っているだけの番組はダメです。売上げとか利益ではなく、凄い社長の基準は従業員の満足度です。そこをテレビ業界は勘違いしています。

中学2年生の時の
気持ちに戻って一言

テレビ業界と一般庶民の
考えは、こんなにもかけ
離れてるんやなぁ……

はやぶさ2について

　昨今、はやぶさ2について報道されていますが、どれもこれも「楽しみです」「ワクワクしますね」と肯定する発言ばかりです。

　でも私は、JAXA（宇宙航空研究開発機構）自体に大反対の立場です。宇宙に行ってどれだけの利益が私達庶民に還元されるのでしょうか？　小惑星の物質を採取して、どれだけの利益が私達庶民に与えられるのでしょうか？　答えていただきたい。

　何千万円、何億円と宇宙研究につぎ込むより、同じ大金を身寄りのない子供達の施設に寄付するほうがどれだけの子供達が助かるでしょう。子供達の生活のほうが先だと思います。子供は国の宝ではないのですか？

中学2年生の時の
気持ちに戻って一言

JAXAに大金をつぎ込む
んやったら、身寄りのな
い子供達に寄付したほう
がいいやろ！
優先順位が違う‼

罪を犯したであろう容疑者の実名報道

　違法薬物使用、麻薬、殺人、詐欺といろいろな罪がありますが、逮捕されても罪を認めていない人の実名報道をすることがあります。私は、その段階では実名を報道すべきではないと思います。

　これまでも誤認逮捕があり、容疑者が結局無罪だったというケースが増えてきています。

　確証のない実名報道によって、本来は無罪である人がどれだけの苦痛を強いられることか……。また、周りの人達にもどれだけ迷惑をかけることか……。

　それなのに、冤罪が判明すると何事もなかったかのように手のひらを返して急に警察叩きが始まるのです。

　テレビ関係者の責任は重大です。

　無罪だった人に謝罪しているのでしょうか?

　謝罪していなければすべきですし、その間、働けなかった場合は、せめて給料分の慰謝料を支払うべ

きではないでしょうか。

　その人の人生を狂わせたのですから。

中学2年生の時の
気持ちに戻って一言

裏も取らずに報道するん
か？　そんなん子供でも
できるやん！　人の人生
がかかってんねんぞ!!

日本代表について

1

　私は、この歳になって、つくづく日本に生まれて良かったと思う。

　食料もあるし、物もある。一番良いのは、戦争がないことである。人と人との殺し合い。弱い立場の人間が、すぐに殺される。権力のない人間が、反論もできずに戦場に送られる。愛する者が死んでゆく。愛する者に殺される。

　そういうことのない場所に生まれ、日本人で良かったと思います。

　しかし、最近、日本人と日本代表について考えさせられます。

　ラグビーの日本代表やテニスの大坂なおみ選手がきっかけです。

　見た目は明らかに外国人なのに、「日本人」「日本

代表」というのはおかしいと感じたのです（これは私の育った環境も影響しているのでしょう。周りには外国人がいなかったのです）。

　私と同意見の人は多少なりともいると思います。

　そこで、インターネットで「日本人とは？」と調べると、「国籍が日本であること」とありました。いやいや、それはおかしいやろうと……。肌の色は違うし、日本語を流暢にしゃべれないのは日本人と言えないのではないでしょうか？（肌や声帯に関する病なら別ですが）

　しかし、日本国が、そう決めたのであれば仕方のないことでありますし、私も日本に住んでいる以上、それには従います。

　それであれば、W杯、世界選手権、オリンピックなど、国際大会などでは、世界ランク１位を全員帰

化させたらいいのではないかと思います。

　そのほうが、選手を育てるよりも手っ取り早いし経費削減にもなるのではないでしょうか？

中学2年生の時の
気持ちに戻って一言

日本語をまともにしゃべれない日本人て、日本人ちゃうやん！　俺やったらしゃべれる言葉の国に籍を置くわ!!

2

日本国籍であれば肌の色が違っても日本人である
ということは仕方ないとしても、もともと日本で生
まれ育っている日本人の日本代表に私は言いたい。

髪の毛を染めて国際大会に出ないで欲しい。

生まれ持っての黒髪以外の人は別ですが、例えば
「侍ジャパン」と呼ばれるからにはそのイメージを
壊して欲しくないのです。

企業代表ではなく日本代表としての自覚を持って
いただきたい。

できるだけ親から頂いた容姿で出場して欲しい。

それが、親に対する尊敬と敬意、日本代表に対す
る誇りであると私は思います。

119

また、ピアスやネックレスやブレスレットなども着けないで欲しい。

中学2年生の時の
気持ちに戻って一言

日本代表に選ばれた人達は、日本代表になりたくてもなれなかった人達の思いも背負わなければいけないのです！
チャラチャラした格好は、敗者達への侮辱にもなります。自覚を持って下さい!!

RIZIN・PRIDEをはじめあらゆる
格闘技系番組の試合前の長いVTR

　ここ数年の格闘技中継番組の中で、ファンも注目するのが大晦日に行われる試合です。私は格闘技が大好きですが、試合前に流れる長いVTRが嫌いです。

　間延びするわ、相手を貶<ruby>貶<rt>けな</rt></ruby>すわ、家族のことを持ち出すわ……全然面白くなくなりました。リングというのは神聖で平等な場所だと思います。車田正美先生の漫画『リングにかけろ』（集英社）のある場面で、高嶺竜児と辻本昇の試合で、竜児の姉の菊の言ったセリフが凄く良かったのです。

「だけどボクサーなら…人間ならみんな多かれ少なかれ過去をひきずって生きてるんだ…過去を背負ってリングに立ってるんだ!!　男ならリングの上で過去のことをグダグダいうんじゃない！　それは口から出たとたん負けるんだ!!」とか「頭がいいの顔が悪いの金持ちだ貧乏人だ過去が重いの軽いのいいか

辻本このリングにあがったら…この四角い荒野の中ではそんなものはいっさい関係ないんだ四角い荒野の中にはおのれの頭脳とふたつの拳（こぶし）！　ハダカの肉体と肉体だけの真っ白な世界なんだ‼　オレはこんなに苦労した！　こんなにつらい思いをした！だから負けるわけがねえ！　そうやって強さを見せつけたつもりだろうがそんなもんは強がりじゃないかリングの上じゃ泣きごとだ‼」などである。

　私なりの解釈ですが、
"世の中にはいろいろな人間がいて、上下関係で生きている人間、家族や子供を持っている人間・持っていない人間、お金を持っている人間・持っていない人間、これらすべて不平等な世の中だが、リングの上ではそれらは一切関係なく平等に扱いますよ"
　ということだと思います。

　もしも私に妻や子供がいたら、私はテレビにも出させないし、リングにも上げません。それは相手選手に対して失礼ですし、1対1、男対男のハンデなしの勝負をしたいからです。それが相手選手に対しての礼儀だと思います。死に物狂いで、そのリングを目指してきた選手達に対しても失礼です。もしリングに上がりたかったら、己の実力で上がれば良いのです。

中学2年生の時の
気持ちに戻って一言

相手を貶すのはやめてくれるかなぁ。相手選手にも家族や親戚、もしくは親しい人がいてると思うねん！

TOKIO山口達也の不祥事について

　アイドルグループTOKIOのメンバー山口達也が飲酒をして不祥事を起こした問題で、他のメンバーが謝罪会見を開きましたが、この件に関する処分としての活動自粛期間が短いと思います。私は、山口達也は芸能界追放、他のメンバーは最低でも１年間は活動禁止にしなければならないと思います。

　そうでなければ、何のためのグループかわからなくなります。全員で責任を負わなければ意味がないし、それがイヤだったら、はじめから１人で仕事をすればいいのです。

　これは音楽業界だけに関することではありません。コンビ漫才やトリオ漫才、または２人以上のグループなど、あらゆる芸能人に当てはまります。

中学2年生の時の
気持ちに戻って一言

自分にとって都合のええ
時だけグループや言う
て、都合悪なったら全体
責任取れへん！　グルー
プの意味ないやん‼

コンビニエンスストアの
24時間営業問題について

　前から私は疑問に思っていました。客の少ない夜中にお店を開けていても意味がないだろうと……。

　何故かと言うと、かつて私の母が市場の中で商売をやっていて、お菓子、パン、ジュース、ケーキなどを売っていたからです。コンビニエンスストアとよく似た感じでした。私も時々手伝っていましたが、忙しい時もあれば暇な時もあるのです。日中でもそんな感じなのに、夜、ましてや夜中なんて人は来ないだろうと思っていました。当然、採算は取れないだろうと。もちろん、店舗によっては採算の取れるところがあるかもしれません。ですから、店舗オーナーの判断によって営業時間を決めればいいのではないでしょうか？

　それでも24時間営業にこだわるのなら、フランチャイズの本部が従業員を手配したり、給料の保証をすればいいのです。

また、夜中に営業している店がガラの悪い人達の
たむろする場所になってしまう問題も、本部が解決
しないといけません。

中学2年生の時の
気持ちに戻って一言

儲かれへんのに夜中に店
を開ける必要はないや
ろ！ そのせいで従業員
が過労死するなんてあっ
てはならないことや!!

鉄オタ選手権

　鉄道に関するマニアックなクイズを出す番組に、鉄道会社の若手社員が解答者として参加していることがあります。これはおかしい。

　会社側が若手社員に問題を漏らしてしまう恐れがあるので、社員を出演させてはいけないと思います。

中学2年生の時の
気持ちに戻って一言

公平性を保つために関係者はダメ！　他の出演者達も遠慮してしまう

スポーツ選手の市役所訪問

　女子柔道オリンピック金メダリストの松本薫が市役所を訪問した際、パフェが好物ということで食べていました。提供したパフェに市民の税金が使われているということはないでしょうか？　誰かのポケットマネーだったのでしょうか？　知りたいです。

中学2年生の時の
気持ちに戻って一言

まさか税金を使ってないやろなぁ!?　いや、市役所はそんな常識知らずではないやろう！

129

「強い」という言葉

　スポーツ関連番組でのインタビューで「もっと強くなりたいです」と言うスポーツ選手がいますが、格闘技系の選手が言うのならわかりますが、球技やスケートなどの選手が普通に言うようになり、ここ最近では、将棋や囲碁のプロ棋士まで言うようになってきています。私は、これはおかしいと思うのです。

　強い・弱いというのは、厳密に言えば「プロレス」「ボクシング」「柔道」などの肉体的な戦いで勝敗を決めるスポーツに関する表現だと思います。そうでなければ、例えば「うまくなりたい」とか「上手になりたい」という表現になるのではないでしょうか？

「強い」という言葉

中学2年生の時の
気持ちに戻って一言

卓球やテニスの選手が
「強くなりたい」って言
うのは、なんか違和感あ
るなあ⁉

131

仕事と子育ての両立について

　女優、女性歌手、女性社長などに対してインタビュアーが「よく仕事と子育ての両立ができますねぇ」「どうしたら両立できるんですか？」と言っていますが、厳密に言えば、できていないと思います。

　インターネットで調べると、両立とは「両方とも成り立つこと」「２つとも並び立つこと」とあります。
　子供が起きている時には子育てをし、子供が寝ている時には仕事をする。親、兄弟、家族、親戚、他人には決して預けない。これならば両立と言えるでしょう。
　いったい何人の女優、女性歌手、女性社長が、これに当てはまるのか調べて欲しいです。両立の意味を履き違えていると思います。

　私の母は生前、私が生まれる前から市場の中でお

店をやっていて、私が22〜23歳ぐらいの時に辞めて
しまいましたが、一言も「仕事と子育てを両立した」
とは言いませんでした。私が先に述べたことと同じ
考えが、母にはあったのだと思います。

中学2年生の時の
気持ちに戻って一言

真の両立は難しいと思い
ますが、大和撫子魂を見
せて下さい!!

133

テレビ番組について

1

あるテレビ番組で、働きたい妻の「夫と家事を分担するのは当たり前」という発言がありました。

これは、おかしいと思います。

お金に困っていて、どうしても夫の給料だけでは食べていけなくて、夫がそれを了承すれば良いとは思いますが、夫の給料だけで食べていけるのに、妻が自己欲求を満たすために働きたいのであれば、家事もやるのが当たり前だと思います。

しかし出演者達は、夫が家事をしていると「いい夫ですねぇ」「優しい旦那さんだねぇ」と言います。

それぞれ家庭の事情が違うので、「これが普通で一般的だ」と、世の中の女性や子供達に刷り込むような番組はやめて欲しい。

ちなみに私の両親は共働きでした。父が家事をしているのを見たことがありませんし、母が父に文句を言っているところも見たことがありません。私の

勝手な想像ですが、私の母は「男は台所に立つものではない。家のことは私に全部任せて下さい。あなたは仕事さえしてくれればそれで良いのよ」と考えていたのだと思います。典型的な尽くすタイプの女性でした。

　このように家庭によって違うのですから、決め付けるような番組はやめて下さい。

中学2年生の時の
気持ちに戻って一言

働きたいのと、働かざるを得ないのは、全然意味が違いますよ!!

2

　最近のテレビ番組やテレビコマーシャルを見ていると、女性が男性をバカにしているような演出を感じることが多いです。特に、夫や彼氏に対するものです。不平不満があるのなら別れればいいのです。そして自立して、夫や彼氏の給料を超える働きをして見返してやればいいのです。自分に合った夫や彼氏を見つければいいのです。

　それをせずに愚痴を言うだけのような演出はやめて下さい。テレビに影響される人は多いのです。責任は重大だと思います。特に子供達に悪影響を及ぼします。

　大人が、親が、テレビが見本を示さなければいけません。今の小・中・高生のいじめがなくならないのは、これが原因の1つだと思います。

中学2年生の時の
気持ちに戻って一言

旦那や彼氏の愚痴を言う
前に、旦那や彼氏の給料
を超えてから愚痴を言お
う‼　見返してやれ‼

137

3

　離婚をした人、不倫をした人、罪を犯した人をテレビに出演させてはいけないと思います。

　話題になったことを利用して、テレビに出ようとしている、いわば売名行為と感じられるからです。

　その時は反省しているような振りをしておけば、またテレビに出られると思っているのではないでしょうか。

　何故かと言うと、ネタとして話せるからです。

　視聴者だけでなく芸能人の中にも、「ああいうことをしてもテレビに出て稼げるんだぁ」「1回ぐらい悪いことをしても大丈夫だろう」と思う人がいるでしょう。

　そういう人達を生み出さないためにも、テレビ業界は厳しい対処をして下さい。

中学2年生の時の
気持ちに戻って一言

子供達の見本になるよう
な番組作りをして下さ
い‼

139

▼

▼

▼

お願い＆質問コーナー

①選挙の投票に行かなかった人が「投票したい人や
　政党がない」と言うのをよく聞きます。

　だったら与党以外の人・政党を選べばいいのです。
与党に緊張感を与えるほど日本は良くなっていくと
思います。緊張感のない政治は、与党の政治家達の
やりたい放題の政治になってしまいます。独裁政治
です。
　子供達の未来のために、取り返しがつかなくなる
前に、投票に行きましょう。
　世界には、投票権もない国もあるのですから
……。

②子供を出産しないのなら別に構わないのですが、
　女性の飲酒、喫煙には反対です。子供が不健康な
　状態で生まれてくる可能性があるからです。障害
　のある赤ちゃんや子供達を見ると、可哀想でいた
　たまれなくなります。

将来生まれてくる子供のためにも、旦那さんのためにも、アルコールを飲んでもいい年齢になっても、出産を終えるまでは我慢して欲しい。

　また最近は、晩婚化により高齢出産や不妊治療が多いと聞きます。
　でき得る限り若い時に出産して欲しいです。

　若い時に出産するメリットは、

・元気で健康的な赤ちゃんが生まれる確率が高くなる（精子も卵子も高齢化していくと衰えていく）
・子育てするのに高齢時より体力がある（高齢での子育ては大変と聞く）
・親も若いので子供の世話をしてもらえる（親が高齢であると世話をしてもらえなくなる）

　などです。

若い時に出産した子供と高齢になって出産した子供とでは、体力（運動能力）に差があるのか知りたいです。そういうデータがなければ誰か集計していただけないでしょうか？大学の卒論のテーマにしてもいいのではないでしょうか。できれば、男性が若い時にできた子供と高齢になってからの子供の体力の差についても。

▼
▼
▼
参考までに

いじめについて

　私は、いじめがなくならない根本の原因は、テレビだと思っています。

　妻が夫の悪口を言ったり、馬鹿にしたり、子供が父親を馬鹿にしたり「臭いから洗濯物は別にして」と言ったり、嫁姑問題などを取り上げ家族が分裂しているような演出の番組が多いからです。

　中でも、私が一番の原因と考えるのは、年末に放送している「ダウンタウンのガキの使いやあらへんで！」です。人を叩いたり、殴ったりして喜んでいる演出のある番組です。

　そんな番組を観たら、子供が真似をするのは必然です。子供達が悪いのではなくて、放送しているテレビ局が悪いのです。そういう演出が、子供のいじめの原因になるのがわからないのでしょうか？

　私は、人を叩いたり、殴ったりして喜ぶような演出の番組がなくなれば、いじめは確実に減ると思い

ます。

　そして、いじめのもう一つの原因は親、先生（学校）からの教育です。いじめをする子供の親は、子供にどういう教育をしているのでしょうか？
「いじめはかっこ悪いことだ。まして複数で１人をいじめるなんて最低の人間のやることだ」と、教えているのでしょうか？　アンケートを取ってもらいたいです。「本当に強い人は、複数ではなく１人でも弱い人を助けられる人である」ということを、子供達に教えてもらいたいと思います。

部活の体罰について

　問題が起きるたびにテレビで報道されているにもかかわらず、部活、しかも体育会系の部活での体罰問題が、懲りもせず次から次へと出てくるのは校長、監督、指導者の、子供達に対する愛情と責任感のなさが原因だからでしょう。体罰をしていても、自分は見つからない、大丈夫と思っているに違いないのです。

　厳しい部活であればあるほど先生、監督、指導者の言うことは絶対的です。そんな間違った指導方針こそが先生、監督、指導者に「俺は（私は）神だ！」「俺の（私の）言うことは絶対だ！」という勘違いをさせてしまうのです。

　体罰をなくすためには、体罰を行った者を厳罰に処するべきだと思います。体罰を行ったら全財産を没収し、体罰を受けた生徒に慰謝料として支払うルールにすればいいのです。これが、何よりも効き目

151

のあるやり方だと思います。

「全財産が没収されるぐらいならやめておこう」という指導者が大半でしょう。

　私は、どちらかと言うと「体罰」には反対ですが、愛情のこもった「愛のムチ」は賛成です。先生も十人十色、生徒も十人十色で、いろいろな人がいます。皆に迷惑をかけ、部活の和を乱す、自分勝手な生徒には「愛のムチ」が必要だと思っています。

　でも難しいのは、「愛のムチ」と「体罰」の分け方です。そこで、私の分け方の指針案を参考にしていただけたらと思います。

　愛のムチ：１発だけ平手で頬を叩く。それでも反省しなければ、もう１発平手で頬を叩く。それでも反省しなければ、部活をやめてもらう。

　体罰：３発以上平手で体のどこかを叩いたり、１発以上拳骨で体のどこかを殴ったりすること。

　このように基準を明確にしておけば、指導者も対応しやすいでしょう。

　それでも指導者は、「愛のムチ」で指導する場合でも、その状況には注意しなければいけません。誰も見ていない場所で、部員と２人だけの状況で行わないことです。後から揉める原因にもなります。多くの部員の見ている前で注意をしてから、それでも聞かない場合に限定することです。

　指導者達に私は言いたい。あなた達には毎年毎年のことではあっても、生徒達にとっては一日一日が二度と返ってこないかけがえのない青春なのです。

153

良い思い出を作ってあげていただきたい。悪い指導者に当たったと思われないで下さい。
　「指導」と「生徒を傷つけること」は違います。そこを今一度、肝に銘じて下さい。それができなければ、指導者に向いていません。指導者を辞め、学校職員なら学校も辞めるべきだと思います。

　これらを踏まえて、文部科学省にもお願いがあります。
　体罰を起こした学校の部活動の指導者全員に、指導者適性テストを実施し、合格できなければ指導できないようにしてもらいたいのです。

　もう一度言います。これは、子供達の二度と返ってこないかけがえのない青春のためです‼
　※指導者適性テストではなく、文部科学省が主導

し、生徒による指導者評価アンケート調査を１ヶ月ごとに行うのも良い方法だと思います。

　私が思う良い部活の指導者とは、対戦成績で勝利数の多い人ではなく、レギュラー選手に好かれている人でもなく、試合に出られない選手達から「いい指導者に出会えて良かった」と言われる人です。
　レギュラー選手が「良い指導者」と言うのは当たり前で、本当の、真の、良い指導者というのは、試合に出られない選手達からもそう言われる人ではないでしょうか？

中学生の必修科目について

　3、4年前に私が勤務していた会社の後輩に聞いた話ですが、その人の子供は中学生で、学校での必修科目がダンスということでした。

「他の親から異論は出なかったんか？」と私が尋ねると、「聞いたことないからわかりません」という答えでした。

　私は「それは、おかしいやろ？　ダンスなんか、生きていく上で、生活する上で、役に立たんやろう？　まあ、体力は付くやろうけどなぁ」と言いました。

　もし、今でもダンスが必修科目なら考え直す必要があると思います。必修科目にスポーツ系はいりません。

　私なら次の2つの必修科目を提案します。

①子育て
　赤ちゃんからの育て方や、乳児・幼稚園児・小学

156

生が病気やケガになった時の対処法を学ぶ。

効　果）
親、祖父母、育ててくれた人への感謝が芽生え、
高齢化対策、不必要な救急搬送対策、不審者やい
じめ対策にもなります。幼児虐待も減らせるでし
ょう。

②家　事
料理、食育、洗濯、掃除、洗濯物のたたみ方や直
し方、裁縫を学ぶ。

効　果）
親も助かり、１人暮らしや自分が結婚した時、周
囲の人達も助かります。

中高生の部活動について

　中学生は義務教育で、高校生は義務教育ではありません。しかし今の時代、最低でも高校を出なければ社会ではほとんど認められないのが現状です。ここに1つの問題があるのですが、一緒に考えたいと思います。

　学生の本分はあくまで勉強です。しかし、高校生になるとスポーツ優先の学校があります。そのことは悪くありませんが、スポーツを優先するあまり学業が疎かになってしまうことが問題です。スポーツを本職として暮らしていける人はほんの一握りです。たいていの人は、勉強ができなくてはいい会社に入れません。学校側が一生その子の面倒をみるというのならいいのですが、そんなことできるわけがありません。

　だから私は提案したい。

　次のような部活動の規則をつくれば、学校も生徒

158

達も親も、ある程度納得してもらえて、地域の活性化にも繋がると思います。

・練習は月・水・金 か 火・木・土 に分ける
（最低１日以上空ける。試合の後は２日以上空ける）
　※練習しない日は疲労回復や勉強に充てる
・早朝練習（授業前）の禁止
・１日の練習時間は２時間まで
・練習への参加は本人の自由
・校庭の狭い学校は、使える部活を決めておく
（例えば月・水・金は野球部、火・木・土はサッカー部が使うなど）
　※飛んできたボールによるケガ防止にも繋がる
　※指導者の負担軽減にもなる
・自分の好きな部活の練習に参加できる
　※若い時にいろいろな部活を経験することによっ

て、偏った筋肉が付くのを防ぎバランス良く筋肉を付け、体力も付き、体幹も良くなるし、ルールも覚えられる
・試合や大会への出場は毎年申請する
（4〜8月まで。同じ場合はなし）
・監督・指導者には学校の教師を使わない
　※学校のOBやOG、地域のスポーツクラブ企業や、その部活の経験者が良い。また依枯贔屓を避けるため親・兄弟・親戚・その近親者も監督・指導者への採用はしない

　メリット）
・先生の負担軽減、生徒の体力の酷使が避けられ、学力の向上、文武両道の学生が増える
・企業が地元に貢献できる

　子供達はいろいろな部活を経験することで技術を身に付け、興味や趣味などが増え、探求心も湧いてきます。また関連する道具や物を買ったり、スポーツ観戦などに行ったりする機会などが増え、地域の消費が活発になり発展していくでしょう。そして、その子供達が大人になり、地域の子供達や自分の子供や孫にも教えるようになれば、一緒に遊べるようにもなり、なお一層発展していくと思います。加えて将来の遊び方や趣味が広がり、職場での親睦会や取引先を接待した時の話題作りにも、少しは役に立つと思います。

　私自身は、中学校までは地域の少年野球チームに入っていて、1日おきに練習をしていました。塾にも行けました。野球部以外の友達とも遊べました。

　しかし高校では毎日練習がありました。塾には行

けませんでした。本音を言うなら勉強もしたかった
し、いろんなスポーツをしたかった。理由は他にも
たくさんあるのですが、私は２回、その野球部を辞
めたいと申し出たことがあります。

　子供によっては、「毎日の練習はイヤだけど、１
日おきなら部活がしたい！」「気の向いた時でいい
なら部活がしたい！」と言う子もいると思います。

　それに、子供は部活がしたいけれど、勉強を疎か
にするから反対する親がいるという話も聞きます。

　そんな子供達のためにも、私の部活動規則案を参
考にしてもらいたいと思います。

　部活動の規則）
・学業第一
・あくまで部活動は本人の意思を尊重する
・絶対に親や指導者、その他の人も意見は一切しな

いこと（先輩も後輩も）

　本人からのお願いでのアドバイスなら良い

　強制はあってはならないし悪口も言ってはならない

い

・いじめなど以ての外。SNSの投稿もしてはいけない

い

・規則違反が発覚した場合は全財産没収

　未成年者の場合は保護者の責任

国または自治体へのお願い

　企業の人、または正社員の人が、学校における部活動の指導者になる場合に、例えば午後１〜６時までの勤務中に支払われる給料分と同じ金額を、企業に補助する助成金制度をつくっていただきたい。

　個人経営または正社員以外の人が指導者になる場合は、同じ年齢の公務員の平均給料分を補助する助成制度をつくっていただきたいのです。

　そうすれば、良い指導者が多く集まってくれると思います。

　基本的に指導者は申告制で、会社は拒めず、推薦もOKとするのです。

　年金受給者でも、ボランティアでも、やりたい人なら誰でも申告して良いのではないでしょうか？

　指導者でなくても、自分の都合の良い日に来てもらえる補助的な役割で携わってもらえると助かると思います。

164

高校野球の公式試合のルール改正について

これは、私が考える試合のルール案です。

試合前に両キャプテン（もしくはその日の選手代表）がジャンケンをして、勝ったほうに、あみだくじを作る役目か、あみだくじを引く役目を決めてもらいます。勝ったほうがくじ作りを選んだら相手がくじを引き、くじを引くほうを選んだら相手がくじを作るのです。そのくじで、試合が引き分けになった場合の勝ち負けを決めておくのです。

・試合は最大9回で延長なし。

・コールドゲームは3回7点差以上、5回までは6点差以上、7回までは5点差以上とします。

・決勝戦は1日の休日を設けて実施し、くじなしの9回引き分けの場合は、両校優勝とします。

・ピッチャーの球数制限。ベンチ入りの枠を今の人数から5人ぐらい増やします。1試合の球数制限

165

は50球までとし、50球に達したらそのバッターまで。登板した投手は次の日は投げられません。

メリット）
①野手もピッチャーを経験する機会が増え、別のポジションを守る機会があると思うので、いろんな守備の経験ができる
②ベンチスタートの選手も出場機会が増える
③選手、応援団、審判、記録員、実況、解説、次の試合の待機時間、ボールの使用数などすべてにおいて負担を軽減でき、時間の短縮にもなる

どうでしょうか？

高校野球の球数制限について

　私は大賛成です。私は小学生の時に、主にキャッチャーをやっていましたが、たまにリリーフでピッチャーもやっていました。私が参加していた大会では、小学6年生から変化球が禁止になったので、小学4年生から5年生までは変化球、特にカーブを投げていました。それが原因で、今でも右ひじは真っ直ぐに伸びません。私だけでなく、未だにひじが真っ直ぐ伸びないという野球少年がいます。

　このことも球数制限賛成の理由の1つですが、中学生の時（ショート）も高校生の時（セカンド）も、チームの中では体力がないほうだったので、夏場になるといつもバテていました。そんな私ですから、「ピッチャーはもっとしんどいだろうな」と、思っていたのです。

　体力もそうですが、健康面にも配慮してあげないと、将来の生活に響くと思います。皆が皆プロにな

れるわけではない世界ですし、野球は好きだけどプロにはなりたくない子もいるでしょうし、別の夢を持っている子もいるでしょう。

　学生の本分は勉強です。今の監督、指導者、教育者達はそのことを忘れないでもらいたいと思います。その子が死ぬまでの生活費を一生支払えるのなら、理解してもらわなくてもいいのですが……。

プロ野球CS
（クライマックスシリーズ）について

　テレビを観ていると賛否両論の意見が出ていますが、私はCS実施に賛成派です。何故かと言うと、私は阪神ファンなので、阪神の低迷期を知っているからです。あの頃は本当に面白くなかったし、つまらなかった。テレビを観ていると、こちらまで落ち込んでくるので、あえて観ませんでした。

　しかしCSが行われるようになって、なんとかペナントレースで3位以内に入ればCSに進めて野球をより長く楽しめるようになったからです。

　CS実施は、ペナントレースで首位とのゲーム差がついた4〜6位の球団にとってもメリットがあると思います。

　例えば、CS進出を狙っている球団と試合をすれば、対戦球団のファンが観に来てくれます。観戦に訪れれば、私であれば食事もしたいしビールも飲みたい。そして、気に入ったグッズがあれば買いた

い。そういうファンも多少いると思います。最近は、観光がてらにビジター観戦に来るファンも多いと聞きます。日本の景気対策にも貢献できるのではないでしょうか？

しかしCS反対派の意見を聞くと大半が、ペナントレースで優勝しているのに日本シリーズに行けないのはおかしいと……。その意見は私もわかりますが、先に述べたように下位球団のファンにとっては楽しみが増え、球団にとっても多少メリットがあるのです。

極論かもしれませんが、一番偉い人の決めたことには、反対意見を持っていても従わざるを得ないのです。社会人、特に会社勤めをしている人はわかっていると思いますが、それが嫌なら、サラリーマンなら会社を辞めるしかありません。例えば一番偉い

人が「今年は４位の球団が日本シリーズに行けます」と言ったら従わざるを得ないのです。ルールを守らなければスポーツ選手、いや、その前に社会人ではないのですから。

　それでもまだ不満を言う人がいると思います。おそらくファーストステージ、ファイナルステージに勝ち上がるルールについてだと思います。

　私も今のルールはおかしいと思いますし、絶対反対です。ですから、上位球団のファンが「ああ、このルールで負けたら仕方ないな。逆に日本シリーズに出たら恥だ！」と言ってしまうようなルールにするのです。

　そこで、私が考えたルールが以下の通りです。

①試合は延長なしの９回まで
②引き分けの場合は上位球団が進出

③4試合連続で下位球団が勝てば上に進出

④上位球団の指定のグラウンド（雨天の場合は中止になるとガッカリするので、できればドーム球場）

⑤ファーストステージはドーム球場以外は3試合制

⑥ファイナルステージは基本的にファーストステージ終了翌日に開催が望ましいが、1位球団の都合で日程を決めて良い

⑦予告先発は下位球団だけ発表

　公式戦では3タテ（3試合連続勝利）があります。たまたまCSの時に1位の球団が調子を落としていたとしたら可哀想です（しかし、本当はプロなのですから、そんな言い訳は通用しません）。そこで、もう1試合チャンスをあげるのです。試合は9回まで、1試合でも引き分けがあればその時点で上位球団が進出。

4連敗（ファーストステージのドーム球場以外では3連敗）、指定グラウンド、指定日程、下位球団だけの予告先発、これなら上位球団のファンも納得できるのではないでしょうか？

これは観客にもメリットがあるのです。延長がないので試合中の行動や試合後の予定が立てやすいと思います。

どうでしょうか？

阪神タイガースについて

　私は40年以上、阪神タイガースファンをしていますが、私なりに阪神タイガースの野球に対して言いたいことがあるのでまとめてみました。

矢野監督、喜ぶのと、はしゃぐのとは違う

　喜ぶのは良いけれど、喜びすぎるとはしゃいでいるようにも見えるし、ふざけているようにも見えます。プロ野球ではなく高校野球を観ているようです。監督が選手と同じようにはしゃいでいてはいけません。星野監督みたいにドッシリと構えてもらいたいです。

阪神の監督は、恐い人が良い

　これはファンやマスコミも悪いのですが、ちょっ

と活躍すればスター扱いをしてしまうので、選手が勘違いして努力しなくなるのです。恐い監督であれば気が抜けないので、そういう人を起用して欲しい。

ランナー３塁で外野フライも打てない

　私も毎試合観ているわけではありませんが、ノーアウトもしくは１アウトでランナーが３塁にいる時、外野に打って犠牲フライになった場面を観たことがありません。田淵や掛布がいた時代には、簡単に犠牲フライを打っていたように記憶しています。試合前のバッティング練習で外野フライを打つ練習をしているのでしょうか？　送りバントもそうですが……。

伝統だけの一戦

　テレビではよく、阪神と巨人の試合を「伝統の一戦」と言いますが、対戦成績は阪神の何勝何敗なのでしょうか？　2018年までの成績では200敗差あるのではないでしょうか？　伝統と言うのなら五分に近い成績でないと、言えないと思います。

４番大山は４番目の打者

　４番打者は勝ち取るもので、育てるものとは違います。お金を払って観に来ているファンに対して失礼ですし、もしもそれが余命わずかなファンだとしたら申し訳ないと思わないのでしょうか？　私は、４番打者とはプロ野球に２人しかいないと思っています。それは前年のセ・パ両リーグで優勝した球団

176

の４番打者の２人です。

　だから、そのチームの４番打者は、送りバントや
スクイズはしなくても良いと思います。それ以外の
球団は全員４番目の打者なのだから、送りバントや
スクイズをしなければいけません。それがイヤなら
優勝するしかないのです。優勝していない球団、監
督、４番打者、ファン、マスコミ関係者は、そこを
履き違えないで欲しい。

甲子園球場と他球場とでの選手起用法

　これからは、球場によって戦い方を考えなければ
いけない時代だと思うのです。特に、ホームゲーム
の甲子園と他の広い球場の場合は、投手を中心とし
た守りのオーダーで挑むべきだと思います。無駄な
失点はせず最少失点で、足でかき回す、つまり「ス

モールベースボール」です。広い球場では守備優先でスターティングメンバーを決めるのです。

　①守備が上手い　②足が速い　③打率より出塁率（四球・死球でもヒットと同じ価値がある）を重視します。時と場合にもよりますが、基本4点以内のリードで、ノーアウト1塁、ノーアウト1・2塁、1アウト1塁、1アウト1・2塁なら、送りバントまたはエンドランをして、絶対にランナーを進めることです。1点でも2点でも、できるだけ点を取り、投手陣を助けてあげるのです。

　そしてバントは、始めから構えたほうがやりやすい選手と、構えないほうがやりやすい選手がいるので、その人に合わせることです。

和製大砲

ここ数年、毎年のように「和製大砲（ホームラン
バッター）」を育てなければいけないと言っていま
すが、いつまでもそんなない物ねだりをしていても
無理です。この構想を実現するために何年無駄にし
てきたことか。わかりやすく言えば、100mを5秒
で走れと言っているのと同じことです。広い甲子園
をホームゲームにしている阪神では不可能なのです。

投手の100球

よく投手交替を「100球」を目処にと言いますが、
春先の100球と夏場の100球と秋の100球は違います。
そこをもう少し考えて起用してもらいたいと思いま
す。

179

1人の選手による2つ以上の守備采配には反対

　緊急の場合は仕方ありませんが、基本的には反対です。

　これは、会社で言う部署の配置換えに等しいものです。配置換えで鬱になったりノイローゼになったり、体調を崩す人もいるのです。それほど大変なことなのです。

　矢野監督の現役時代はキャッチャー一筋、前監督金本はレフトだけだったと記憶しています。矢野監督と金本監督の現役時代に「ピッチャーをしろ」と言ったらできなかったでしょう。自分ができないのに選手にそれをさせるのは理解できません。

　選手は口では「頑張ります」「複数のポジションを守れたらチームに貢献できます」と言っていますが、心の中は「1つのポジションで試合に出たい」

と思っているはずです。そして、そういう時に限って不慣れなポジションで勝敗を左右するエラーやフィルダースチョイスをしてしまうのです。

　ここでファンの人達は勘違いしないで欲しいのですが、これは完全な監督の采配ミス、監督の責任であるということです。

1試合で投手陣が4点以内に抑えれば責任なし
バッター陣は4点以上取れば責任なし

　試合の日程の巡り合わせによって運・不運があります。

　対戦球団のエースと当たる場合と、5番手投手と当たる場合では不公平さが出ます。その不公平さをなくすために、先に述べたようなことを参考にして、契約更改時の査定に加えていただきたいと思います。

梅野の見送り三振時の態度

　判定に不満があるのはわかりますが、キャッチャーが不満そうな態度だと後の投手陣の判定に響くので、態度に出してはダメです。私が投手なら「俺の判定に響くからやめてくれ！」「普通に帰ってきてくれ！」と思います。

アスレチックス対マリナーズの
実況について

　テレビでアスレチックス対マリナーズの実況中継
をしていたのですが、あるメジャー選手がスニーカ
ーの収集マニアであるという話をしていました。野
球と関係のないことです。野球に関係のない話はし
ないで欲しい。そんな時間があるなら技術的なこと
を話して下さい。子供達も観ているのですから。日
本テレビのあるアナウンサーがイチロー選手を呼び
捨てにしていたことも驚きましたが、いろいろ問題
を起こしているのにまだテレビ局をクビになってな
いことにも驚きました。

　不祥事を起こした人間を使うとは、日本テレビも
落ちるとこまで落ちたなぁと思います。「巨人選手
は紳士たれ」と言った川上監督もあの世で泣いてい
るのではないでしょうか。私は阪神ファンですが、
あの言葉はカッコいいなあと思いましたし、川上監

183

督は好きです。ちなみに長嶋は嫌いです。

　また、ゲスト解説の元巨人の選手が、ヒットの出ないイチロー選手に対して「日本中の人が誰もが望んでいる」と言っていましたが、野球好きな人もいれば、嫌いな人もいます。イチロー選手を好きな人もいれば、嫌いな人もいるのです。日本語に気を付けて欲しいです。

　別の試合中、アナウンサーがイチロー選手の良い所ばかり取り上げて発言していて、行き過ぎたヨイショとも取られかねないほどでした。引退したら何かしてもらおうと思っているのかと勘ぐってしまいます。
　また、「日本中、世界中の野球少年の憧れ」と言っていましたが、野球をしている少年が全員イチロ

一選手に憧れているとは思えません。ジーターに憧れている子供もいれば、松井に憧れている子供もいるはずです。

　イチロー選手に憧れていなければ野球少年ではないような発言は、アナウンサーとしては失格であり、いじめの原因にもなりかねません。アナウンサーは自分の一言が、誰かの人生を変えてしまう可能性があるのだと自覚してもらいたいと思います。

矢沢永吉のコンサートについて

　矢沢永吉のコンサートDVDを観ていると、タバコを吸ったり、上半身裸になったり、挙句の果てに「帰りに美味いビール飲めよ！」などと言っています。

　私は中学2年生の頃から彼のファンですが、昔はヤンキー兄ちゃんが大半だったファン層が、今は老若男女を問わず、小さい子供達までコンサートを観に来ています。これほど幅広い年齢層のファンを持つロック歌手は他にいないと、私は誇りにさえ思っていますし、日本一のロック歌手だと思っています。そして、他の歌手達の見本になって欲しいとさえ思っています。矢沢永吉の「行動」「言葉」の1つで、いい意味でも悪い意味でも凄い影響が出るのです。

　コンサートには、未成年者も多く来ます。タバコを吸ったり、上半身裸になったりするのはやめて欲しいし、「帰りに美味いビール飲めよ！」は、ビー

ルを飲めない未成年者を煽ってしまいます。

　彼は日本を代表するロック歌手なのですから、日本一に相応しい「行動」と「発言」をしていただけるとファン冥利に尽きます。宜しくお願い致します。

チケットの転売について

　人気のあるコンサートやスポーツのチケットがなかなか手に入らず、高値で転売される問題についてです。

　この行為はファンや興味を持った人への転売目的です。お金儲けをするためだけで、そのアーティストやスポーツに興味がなく、ファンを愚弄していると思います。

　そこで私の提案です。

①正規の値段以上での販売禁止・買うのも禁止
②正規の値段以下ならいくらでも販売しても良い

　本当のファンや興味を持っている人であれば、正規の値段以上で売るとは思えません。チケットが手に入らなかった人や興味を持ってくれている人に安く譲ってあげたいと思うでしょう。

罰　則）

　違法な転売がなくならないのは罰則が緩いからだ
と思います。違反者は全財産を没収すれば良いので
す。そうすれば「全財産を没収されるぐらいならや
めよう」となります。

　これで、本当のファンや興味を持った人が行ける
ようになります。

デパート従業員の客に対する接し方

　店内にいる客の数によっても違うと思いますが、あまりにもひどすぎると思う接客がありましたので、以下の接し方を参考にしてほしいと思います。

①男性１人で来ている買い物客には声を掛けない。

　お忍び、または恥ずかしがり屋であることが多いので、声を掛けてはいけません。「いらっしゃいませ」「何をお探しですか？」はもちろん、すれ違いざまとか、店頭で商品を見ている時に、店内の奥から声を掛けてくる店員がいます。用事がある時は、客側から声を掛けますから。

②色違いやデザイン違いの服を勧めてはいけない。

　客側から声を掛けてきたとしても、求めていない

提案をされると逆に不信感を持ちます。そういう時は「今、ここにある分だけです」と答えればいいのです。店員から無理やり勧められて買った服の大半は失敗です。

　その店には二度と行かなくなります。

母の偉大さについて

1

　世間一般の息子達は、母親が生きていた頃は、母親のやっていることが当たり前で、あまり有り難みを感じていないと思います。

　しかし、母親が亡くなってから、その偉大さが骨身に沁みてくるのです。

　最近、妻が夫を貶すかのような演出のテレビ番組が多いのですが、私は、自分の母が父を貶す場面を見たことがありません。当然、夫婦喧嘩をしているところを見たこともありません。「子供には決して見せてはいけないもの」と思っていたのでしょう。

　そのことを理解できたのが、ある日、従兄弟夫婦が家に遊びに来ていた時です。

　従兄弟が夫婦喧嘩の最中に奥さんを叩いてしまったと話していて、父に「叩いたことある？」と尋ねたところ、父が返事をする前に母が「私、叩かれた

ことないわ！」と言ったのです。

　でも、それは嘘です。私が小学1、2年生ぐらいの時、朝起きて台所に向かおうと歩いていると、俯いて両手で顔を覆っている母とすれ違いました。すぐあとを父が歩いてきて「お母ぁ、我儘言うから叩いたんや！」と言ったのです。私はその頃、兄ばかりを可愛がっていた母をあまり好きではなかったのですが、泣いていたことがわかり急にせつなくなり、父に「なんで叩くんや！」と泣きそうになりながら怒鳴ったのを覚えています。

　それなのに母は「叩かれたことないわ！」と言って父の面子を保つ、いや、人前、それが身内であっても男を立てることを弁えている凄い女の人だなあと思いました。

　果たして今の時代、こういうことをできる女性がどれだけいるのでしょうか？

　女性達には良い見本がいるではありませんか？

上皇后美智子様です。上皇后美智子様の振る舞いを見習うべきではないでしょうか？

　大和撫子魂を見せて欲しいです。寂しいです。

中学2年生の時の
気持ちに戻って一言

「あんたの母親に負けへんわ‼」と言う女性がいっぱい出てきて欲しいです。お願いします！

2

　先ほども少し触れましたが、私は小さい頃、兄ばかりを可愛がる母が嫌いでした。

　でも、大きくなるにつれ、大人になるにつれ、「そうか、あれは私を嫌っていたのではなくて、兄である長男を立てていたんだ」と思うようになりました。

　やはり長男というのは、何だかんだ言ってもいろいろなプレッシャーがあって大変だというのが、少しずつではありますがわかってきたからです。

　母はそういうところでも長男の顔を立てていたのです。凄い女性です。

　これは余談ですが、私は中学2年の時、家で友達とタバコを吸っているのを叔母に見つかり叱られたことがあります。

　数分後に家を出た時、その叔母が母に報告している場面に出くわし、母から「なんでそんなことするん？」と叱られました。

叱られることはわかっていたのでいいのですが、その時に母が泣いていたのです。

　小さい頃からのイメージで、叱る時は物凄く恐かった母が、泣いていたのです。

　雷が落ちてきたかのようなショックを受けました。

　夜になって、家に帰ったら当然父にも叱られると思ってビクビクしていましたが、父は何も言ってこないし、母も何も言ってこなかったのです。１日経っても、２日経っても何も言われませんでした。

　私なりの解釈ですが、父は、「自分もタバコを吸っているし男だから仕方ないか……」と思って言わなかったのかなあと。

　しかし、時が経つにつれて、もしかしてあれは、母が父に話さなかったのかもしれないと思うようになりました。

　そのことでも母の偉大さを見せつけられ、完膚無

196

きまでに叩きのめされた思いでした。

中学2年生の時の
気持ちに戻って一言

「あんたの母親に負けへんわ!!」と言う女性がいっぱい出てきて欲しいです。お願いします！

▼

▼

▼

まとめ

今の政治を良くするためには、テレビ業界全体の協力が不可欠です。

しかし、今のテレビ業界関係者は、その使命、責任を感じていない人が大多数です。多分、そういう人の心の奥には「自分さえ、自分の家族さえ、良ければいい」という思いがあるのでしょう。

今一度、言いたい。

そういう人はテレビ業界に向いていないので、辞めて下さい。

それが、日本国、いや、日本人を救う一番の方法だと思います。

この本で語ってきたことがすべて実現すれば最高なのですが、無理なことだとわかっています。そこで私は提案したい。最低限、次のことが実現すれば、日本は、政治は、良くなると思います。

①報道、経済、政治、公務員関連の番組にはお笑い関係者は出演させない。

無論、出演者も笑ってはいけないし、ふざけては
いけない。冗談も私語も言ってはいけない。緊張
感を持ち、真剣に討論をする。

アナウンサーは男女ともスーツ（暑ければ半袖。
ノースリーブは禁止）着用。

派手な色（赤やピンク）の服の着用禁止。

ピアスやアクセサリー、装飾品の禁止。

髪はショート（肩にかからない長さ）で染めない。

②不正や不祥事を起こした議員の選挙区の告知や、
　良い活動、良い成果を挙げた議員の発表。

③家族や親戚、血縁関係、嫁、姑、離婚相手などの
　悪口を発言した人や出演している番組、CM（テ
　レビコマーシャル）を放送しない。

④年末の「ダウンタウンガキの使いやあらへんで！」
　のような、人を殴ったり蹴ったり、虐待するよう
　な演出の番組は放送しない。

⑤不倫経験者や前科のある人、不祥事を起こした人のテレビ業界追放。

⑥離婚経験者が出演する番組は子供達の目の届かない所で放送する。

⑦アルコールやタバコ、18歳未満禁止商品のＣＭ（テレビコマーシャル）は深夜（午後10～午前5時）に放送する。

　大人達は、子供達の見本、手本にならなければいけないと思います。それを見て、子供達は良くもなり悪くもなります。子供達の未来のために、大人達が良い見本、手本になりましょう。

　そうすれば10年後には今よりも少しずつ良くなり、今生まれたばかりの子供が選挙権を得る18年後には、投票率が90％を超えるでしょう。

　今の約50％前後の低い投票率が90％を超えたら、その時の与党は正々堂々と胸を張り、政治活動をしていただきたい。

それと、私は、真面目でコツコツ働く人が報われない、正直者がバカを見る世の中になってはいけないと思います。「悪いことをしても金を稼げばいい、勝ちだ」という世の中にはしないで欲しい。

　そして、今、いじめにあっている小・中・高校生の子供達に言いたい。

　絶対に、死なないで下さい。
　あなたが死んでも、あなたをいじめた相手は
　のほほ〜んと生きているのです。
　こんなバカげた世の中で良いはずがありません。
　死んでしまおうと思うのなら、
　学校は行かなくていい。
　そして、できれば、あなたをいじめた相手より
　勉強ができるようになって下さい。
　社会人になれば、学歴社会です。
　勉強ができれば、あなたをいじめた相手より、
　良い会社に入れます。

204

見返せるのです。そういう復讐もあるのです。

だから、死なないで下さい。

踏みとどまって下さい。

しかし、いじめ対応として一番良いのは、いじめた生徒には授業を受けさせないとか、転校させるとか、接触をはかれないようにすることです。

誰にその権限があるのかわかりませんが、早急に対応していただきたいと思います。子供達の命がかかっているのですから。

著者プロフィール

嶋河 薫風（しまかわ　くんぷう）

1966年4月生まれ
大阪府出身、在住
大阪の高校を卒業

テレビが日本人（庶民）をダメにした

2020年4月15日　初版第1刷発行

著　者　嶋河 薫風
発行者　瓜谷 綱延
発行所　株式会社文芸社
　　　　〒160-0022　東京都新宿区新宿1−10−1
　　　　　　　　電話　03-5369-3060（代表）
　　　　　　　　　　　03-5369-2299（販売）

印刷所　株式会社フクイン

ISBN978-4-286-21548-8